AF586617

LA HUITIÈME FOIRE DE HANOI

SE TIENDRA CETTE ANNÉE

DU 28 NOVEMBRE AU 12 DÉCEMBRE

1926

SIÈGE :

CHAMBRE DE COMMERCE

HANOI

FOIRE DE HANOI. — Vue générale.

FOIRE DE HANOI

INSTITUTION PLACÉE SOUS LE HAUT PATRONAGE DU GOUVERNEUR GÉNÉRAL DE L'INDOCHINE ET DES CHAMBRES DE COMMERCE ET D'AGRICULTURE DU TONKIN

SIÈGE — CHAMBRE DE COMMERCE — HANOI

COMITÉ D'HONNEUR

PRÉSIDENT :

M. le Résident Supérieur au Tonkin.

MEMBRES :

MM. le Président de la Chambre de Commerce de Haiphong
le Président de la Chambre d'Agriculture du Tonkin et du Nord-Annam ;
le Résident-maire de la Ville de Hanoi ;
le Résident-maire de la Ville de Haiphong ;
le Résident-maire de la Ville de Nam-dinh ;
le Résident-maire de la Ville de Haiduong.

MEMBRES HONORAIRES :

MM. le Consul de Belgique au Tonkin, Hanoi ;
le Consul du Japon au Tonkin, Haiphong ;
le Consul de Portugal au Tonkin, Hanoi ;
le Vice-Consul d'Angleterre au Tonkin, Haiphong.

CONSEIL D'ADMINISTRATION

Président :

M. A. DECAMP, Président de la Chambre de Commerce de Hanoi.

Vice-Président :

M. DEMOLLE, Membre de la Chambre de Commerce de Hanoi.

Secrétaire-Trésorier :

M. S. ANZIANI, Membre de la Chambre de Commerce de Hanoi.

Membres :

MM. BARBOTIN, Membre de la Chambre de Commerce de Haiphong;
BELLONNET, Exportateur ;
GERONDELLE, Membre du Conseil municipal de Haiphong ;
HOMMEL, Membre du Conseil municipal de Hanoi ;
LAGISQUET, CH. Architecte ;
L. LARRIVÉ, Membre de la Chambre de Commerce de Hanoi ;
LE BOURGNEC, Membre de la Chambre de Commerce de Hanoi ;
LESCA, Directeur des Grands Magasins Réunis ;
LE ROY DES BARRES, Membre de la Chambre d'Agriculture du Tonkin et du Nord-Annam ;
MARCHAND, Membre de la Commission municipale de Namdinh ;
PERROUD, Membre de la Chambre de Commerce de Hanoi ;
BACH-THAI-BUOI, Membre de la Ch. de Comm. de Haiphong;
DO-THAN, Notable annamite ;
LÊ-TUAN-KHOAT, Membre de la Chambre de Comm. de Hanoi;
LÊ-VAN-PHUC, Membre du Conseil municipal de Hanoi ;
SON-XUAN-HOAN, Directeur Gérant de la Société Quang-Hung-Long, Hanoi ;
VU-NGOC-HOANH, Membre de la Chambre d'Agriculture du Tonkin et du Nord-Annam ;
VU-VAN-AN, Directeur de la Maison Vu-van-An et Cie

COMITÉ DE DIRECTION

MM. A. DUCAMP, Président du Conseil d'Administration.
DEMOLLE, Vice-Président ;
LE ROY DES BARRES, Membre ;
S. ANZIANI Membre :
HOMMEL, Membre ;
DO-THAN, Membre.

COMMISSARIAT DE LA FOIRE

COMMISSAIRE-DÉLÉGUÉ :

M. H. NERVO

Secrétaire de la Chambre de Commerce de Hanoi
(en congé en France).

COMMISSAIRE-DÉLÉGUÉ INTÉRIMAIRE :

M. H. VILT

Secrétaire p. i. *de la Chambre de Commerce de Hanoi.*

CHEF DU SECRÉTARIAT :

Mme. H. POULENAS

SIÈGE

CHAMBRE DE COMMERCE DE HANOI

TÉLÉPHONE N° 464
CODE LUGAGNE 1914

FRANCE

Pour tous renseignements concernant la Foire, s'adresser à l'*Agence Économique de l'Indochine*, 20, rue La Boëtie. — PARIS

COMITÉ DE DIRECTION

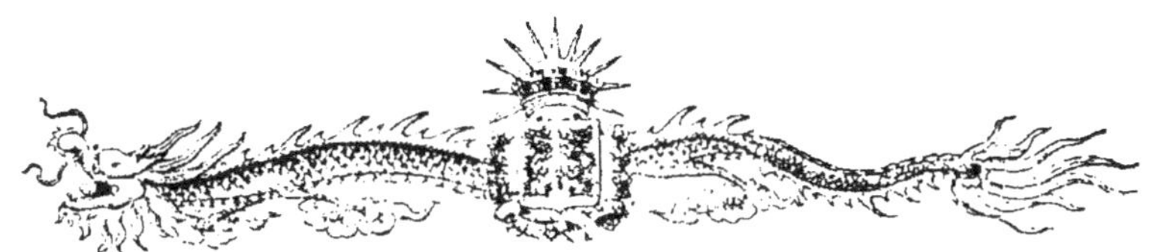

HANOI

Hanoi, sur la rive droite du Fleuve Rouge, à 101 km.73 de Haiphong. Siège du Gouvernement Général de l'Indochine, du Commandement Supérieur des Troupes de la Colonie, du Protectorat du Tonkin, de l'Université Indochinoise, de l'Évêché du Tonkin Central, d'une Cour d'Appel, de Tribunaux, d'une Chambre de Commerce et d'une Chambre d'Agriculture.

102.553 habitants dont 4.977 Européens, 1.144 Métis-Européens, 92.423 Annamites et 4.019 Asiatiques étrangers (recensement de 1924).

Son étendue est le huitième de celle de la ville de Paris ; la longueur de ses voies est de 100 km., celle des égoûts de 33 km., celle des conduites d'eau de 60 km. et enfin, celle des quais de 4 km.

Le Budget municipal, qui était de 680.000 piastres environ en 1917, s'est élevé, en 1925, à environ 1.204.334$.

Hanoi peut se diviser en trois quartiers :

Le quartier français dont le point de départ a été la Concession à l'extrémité Sud de la ville, le long du Fleuve Rouge, qui s'est développé jusqu'à la gare actuelle et prolongé sur le côté Nord de la Citadelle ;

La Ville indigène qui s'étend de la Citadelle au Fleuve Rouge ;

La citadelle, ancienne cité royale, aujourd'hui occupée par des bureaux et des casernements militaires.

HISTORIQUE

La première indication faisant de la ville de Hanoi actuelle ou de ses environs immédiats le siège de la résidence officielle du Gouvernement du pays d'Annam date d'une époque variant des années 605 à 618 de notre ère. Mais c'est en 791 que le Gouverneur impérial édifia la citadelle et en 809 que la cité fut entourée d'un mur haut de 22 pieds. Prise en 862 par les Yunnannais, elle fut reconquise par les impériaux en 866 et, dès l'année suivante, agrandie et défendue par deux lignes de retranchements.

Depuis cette époque jusqu'au siècle suivant, la ville subit toutes les vicissitudes d'un pays constamment en révolte et ne demeura même plus capitale sous la dynastie des Lê antérieurs (980-1009).

Au commencement du XIe siècle, Lê-Thai-Tô fondait la dynastie des Li postérieurs et transportait sa capitale à Hanoi. La légende veut qu'au moment où l'embarcation royale arrivait devant la ville, un dragon d'or surgit soudainement et plana dans le ciel. De là le nom de Thang-Long (Dragon qui plane) donné à la nouvelle cité qu'un mur enserra de 4.700 mètres de développement. Un palais fut construit sur l'emplacement de la Citadelle actuelle, palais que transformèrent plus tard les Lê postérieurs, puis, enfin, le roi Minh-Mang en 1822.

Aux Li postérieurs succéda la dynastie des Tràn (1225-1400) qui donnèrent à la ville le nom de Trung-Kinh (capitale du Centre). Pendant ces deux siècles, Hanoi tomba au pouvoir des Chinois en 1257, 1284 et 1287;

de 1407 à 1427, elle ne fut plus que la capitale de l'Est sous le nom de Dòng-Dò. Enfin, en 1427, les Annamites révoltés rendirent l'indépendance à leur pays sous la conduite de Lè-Loi, fondateur de la dynastie des Lè postérieurs (1428-1789) et Hanoi redevint capitale du royaume sous le nom de Dòng-Kinh d'où est venu, par altération, le mot Tonkin, puis celui de Trung-Kinh.

C'est sous le règne des Lè postérieurs en 1626, que des missionnaires vinrent, pour la première fois, au Tonkin. Ils furent suivis, en 1637, par des négociants hollandais, puis en 1678, par des commerçants anglais dont les comptoirs étaient installés près du pont Doumer actuel.

En 1788, commença la révolte des Tày-Son et le dernier des Lè appela à son secours les troupes du vice-roi de Canton qui, défaites aux environs mêmes de Hanoi, durent évacuer la ville et le pays. Maîtres du Tonkin, les Tày-Son donnèrent à Hanoi le nom de Bac-Thanh (cité du Nord).

La situation ne changea pas jusqu'à l'époque où Gia-Long, restaurant l'empire d'Annam (1802-1820), établit sa résidence à Huè. C'en était fait, désormais, de Hanoi comme capitale du royaume.

La ville, dont les fortifications furent reconstruites sur les plans des officiers français au service de Gia-Long, reprit le nom de Thang-Long. Elle n'en demeurait pas moins une ville d'une grande importance.

En 1831, elle devenait capitale de la province de Hanoi et en 1834, siège du Gouvernement du Bac-Ki.

Lorsque l'occupation de la Cochinchine par la France et l'attitude de la Cour d'Annam obligèrent les Français à intervenir au Tonkin, Hanoi fut occupée le 19 novembre 1873 par le Lieutenant de vaisseau Francis GARNIER puis restituée le 20 janvier 1874 moyennant une concession le long du Fleuve Rouge, au Sud de la ville, où furent installés un consul et des troupes.

Enfin, le 26 avril 1882, le capitaine de vaisseau Henri RIVIÈRE, contraint par les évènements, réoccupa l'ancienne citadelle et s'installa dans le palais des Lê.

Le 1er octobre 1888, une ordonnance royale érigeait Hanoi en concession française. La ville devint ainsi capitale du Tonkin, puis en 1902, siège du Gouvernement Général de l'Indochine.

IDEO. — IMPRIMEUR-ÉDITEUR — HANOI

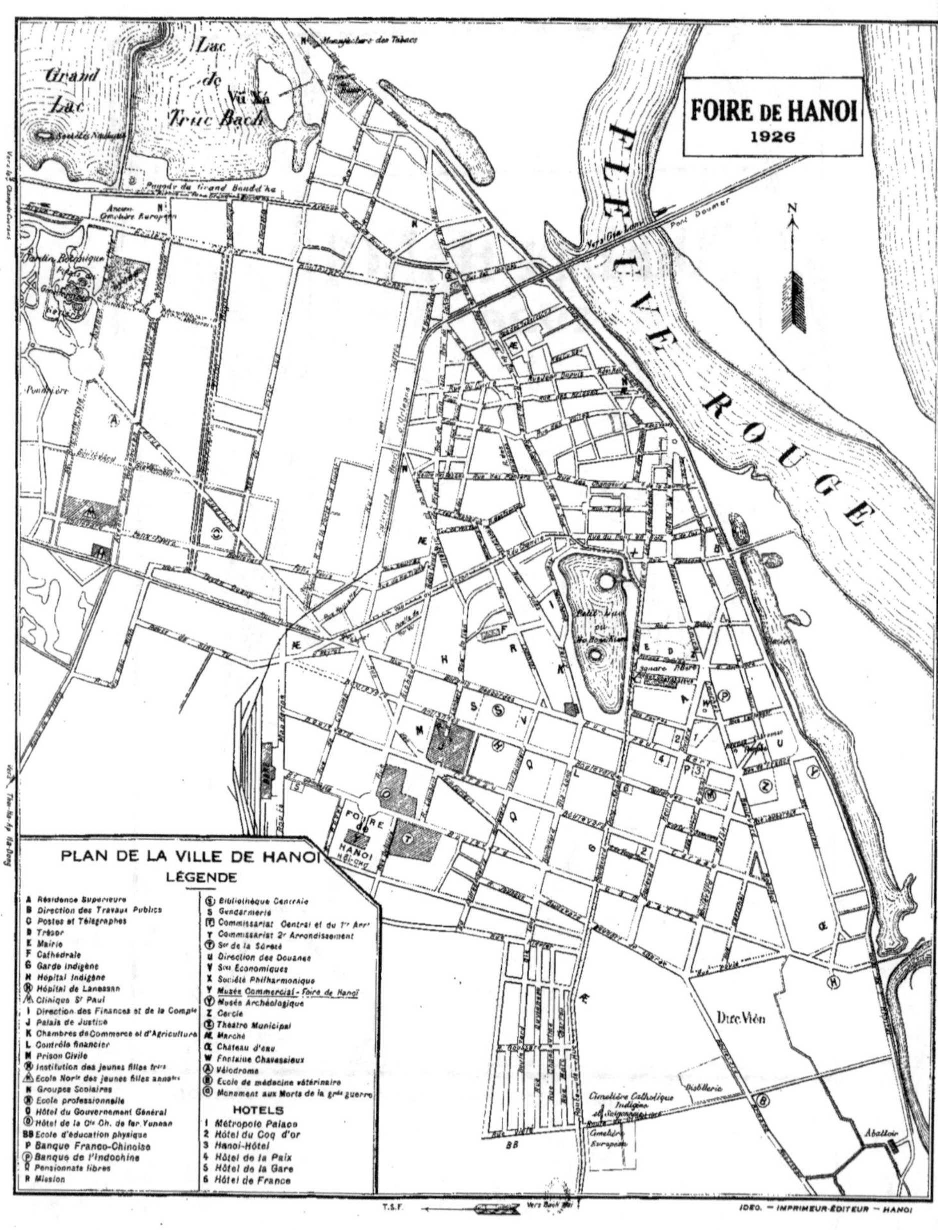
FOIRE DE HANOI
1926
Grand Lac
Lac de Truc Bach
Vũ Xá
FLEUVE ROUGE
Pont Doumer
N
Pagode du Grand Bouddha
Jardin Botanique
Poudrière
Petit Lac
FOIRE de HANOI
Dực Viên
Abattoir
Distillerie
Cimetière Catholique Indigène
Cimetière Européen
BB
PLAN DE LA VILLE DE HANOI
LÉGENDE
A Résidence Supérieure
B Direction des Travaux Publics
C Postes et Télégraphes
D Trésor
E Mairie
F Cathédrale
G Garde indigène
H Hôpital Indigène
Ⓗ Hôpital de Lanessan
Cliniques St Paul
I Direction des Finances et de la Compté
J Palais de Justice
K Chambres de Commerce et d'Agriculture
L Contrôle financier
M Prison Civile
Institution des jeunes filles fr.
Ecole Norle des jeunes filles annamtes
N Groupes Scolaires
Ecole professionnelle
O Hôtel du Gouvernement Général
Ⓞ Hôtel de la Cie Ch. de fer Yunnan
BB Ecole d'éducation physique
P Banque Franco-Chinoise
Ⓟ Banque de l'Indochine
Q Pensionnats libres
R Mission
Ⓢ Bibliothèque Centrale
S Gendarmerie
Commissariat Central et du 1er Arrt
T Commissariat 2e Arrondissement
Ⓣ Sce de la Sûreté
U Direction des Douanes
V Sces Economiques
X Société Philharmonique
Y Musée Commercial - Foire de Hanoï
Ⓨ Musée Archéologique
Z Cercle
Ⓩ Théâtre Municipal
Æ Marché
Œ Château d'eau
W Fontaine Chavassieux
Ⓐ Vélodrome
Ⓑ Ecole de médecine vétérinaire
Ⓒ Monument aux Morts de la gde guerre
HOTELS
1 Métropole Palace
2 Hôtel du Coq d'or
3 Hanoi-Hôtel
4 Hôtel de la Paix
5 Hôtel de la Gare
6 Hôtel de France
T.S.F.
IDEO. — IMPRIMEUR-ÉDITEUR — HANOI

RENSEIGNEMENTS DIVERS

Théâtre Municipal

Deux mois pendant l'hiver (*décembre* et *février*).

Cinémas

Palace — Pathé — Tonkinois.

Dancings

Hôtel Métropole — Hanoi-Hôtel.

Musées et Bibliothèques

Musée de l'Ecole française d'Extrême-Orient — Musée Géologique — Musée Commercial Maurice Long — Bibliothèque de l'Ecole française d'Extrême-Orient — Bibliothèque Centrale.

Jardin

Jardin Botanique et Zoologique.

Lignes de Paquebots

Saigon-Hongkong-Shangai-Yokohama
(*Deux fois par mois par Messageries Maritimes*).

De Haiphong pour Saigon — Singapore — Colombo — Djibouti — Port-Saïd — Marseille.
(*Deux fois par mois par Messageries Maritimes*).

Haiphong-Marseille et Marseille-Haiphong.
(*Deux services par mois, un par Messageries Maritimes, un par Chargeurs Réunis*).

Haiphong-Hongkong : *tous les 14 jours par la Compagnie Indochinoise de Navigation*.

Haiphong-Hongkong-Canton — (*Service Facultatif*) *Compagnie Indochinoise de Navigation*.

PRINCIPAUX HOTELS DE HANOI

MÉTROPOLE. — Boulevard Henri Rivière.
COQ D'OR. — Boulevard Henri Rivière.
HANOI HÔTEL. — Rue Paul-Bert.
HÔTEL DE LA PAIX. — Rue Paul-Bert.
HÔTEL DE FRANCE. — Boulevards Dong-Khanh et Rollandes.

PRINCIPAUX HOTELS DE HAIPHONG

GRAND HÔTEL DU COMMERCE. — Boulevard Paul-Bert.
HÔTEL DE L'EUROPE. — Boulevard Paul-Bert.
HÔTEL DE L'UNIVERS. — Rue Amiral de Beaumont.

PRINCIPAUX GARAGISTES

Haiphong :

GARAGE CENTRAL ;
SOCIÉTÉ DE TRANSPORTS AUTOMOBILES INDOCHINOIS.
GARAGE LEGRIS.

Hanoi :

AVIAT. — Boulevards Gambetta et Rialan ;
BOILLOT. — Rue Paul-Bert ;
SOCIÉTÉ DE TRANSPORTS AUTOMOBILES INDOCHINOIS.
Boulevards Gambetta et Henri Rivière.
GARAGE BOBILLOT. — 7, boulevard Bobillot.
GARAGE MODERNE. — Boulevard Henri Rivière prolongé.

TOURISTES :

L'Automobile Club de l'Annam-Tonkin se fera un plaisir de vous fournir tous renseignements sur l'état des voies de communications, hôtels, chemins de fer ou autres entreprises de transport, curiosités naturelles, etc...

SIÈGE : 118, rue Jules Ferry — HANOI (Tonkin).

STATIONS BALNÉAIRES ET D'ALTITUDE

TONKIN — NORD — ANNAM

Tamdao : 935 m. d'Altitude, 70 km. de Hanoi, par auto et chemin de fer. Electricité — Télégraphe — Téléphone.

HÔTEL DE LA CASCADE D'ARGENT

Chapa : (près Laokay) 1.640 m. d'altitude-Ligne du Yunnan.

HÔTEL JOURLIN

Doson : 27 km. de Haiphong, bains de mer, télégraphe, téléphone, électricité, service automobile

DOSON-HÔTEL ET HÔTEL DE LA MER

Samson : Province de Thanh-hoa (Ligne de Vinh). Bains de mer, 190 km. de Hanoi.

DEUX HÔTELS

Baie d'Along — Hôtel de Hongay.

SERVICES MARITIMES, FLUVIAUX ET FERROVIAIRES

COMPAGNIE DES MESSAGERIES MARITIMES

COMPAGNIE DES CHARGEURS RÉUNIS

SERVICE FLUVIAL DU HAUT - TONKIN
(Fortuné SAUVAGE — Armateur).

SERVICE FLUVIAL DU BAS - TONKIN (S. A. C. R. I. C.)

C^o^ INDOCHINOISE DE NAVIGATION (Haiphong-Hongkong.)

TRANSPORTS FLUVIAUX ET COTIERS DE L'INDOCHINE
(BACH-THAI-BUOI, Armateur).

TRANSPORTS MARITIMES ET FLUVIAUX
(NGUYEN - HUU - THU dit SEN — Armateur).

C^o^ FRANÇAISE DES CHEMINS DE FER DE L'INDOCHINE ET DU YUNNAN.

CHEMINS DE FER DE L'INDOCHINE
(Ligne de Hanoi-Nacham et Hanoi-Benthuy).

OSAKA SHOSEN KAISHA

Compagnie Japonaise de navigation à vapeur desservant la Chine, le Japon, l'Amérique du Nord et l'Amerique du Sud, l'Australie, l'Inde et l'Europe.

Délivre des connaissements directs de Haiphong via Hongkong pour les pays ci-dessus indiqués :

Le service Haiphong-Hongkong est assuré deux fois par mois par les vapeurs :

S. S. « TAIKWA MARU » et « AMAKUSA MARU »

Ces deux navires très bien aménagés prennent des passagers de 1re classe, 2e classe, 3e classe et pont.

Le S/S « AMAKUSA MARU » de 3053 Tonnes de jauge, vitesse 12 nœuds, possède les aménagements les plus confortables qui existent sur la ligne Haiphong-Hongkong.

Il peut prendre 26 passagers de 1re classe, 27 de 2e, 254 de 3e et 100 passagers de pont.

Pour tous renseignements complémentaires s'adresser à la S. A. C. E. I. C., 6, Boulevard Félix Faure, Haiphong.

COMPAGNIE FRANÇAISE DES CHEMINS DE FER DE L'INDOCHINE ET DU YUNNAN

GARES	TRAINS RÉGULIERS			GARES	TRAINS RÉGULIERS		
	MATIN	SOIR	SOIR		MATIN	SOIR	SOIR
Ligne de Haiphong à Hanoi							
Haiphong—*Départ* . .	6h.26	1h.40	8h.18	Hanoi — *Départ*. . . .	6h.20	1h.32	8h.07
Hanoi — *Arrivée* . . .	9 51	4 58	11 13	Haiphong — *Arrivée* .	9 33	4 49	11 00
Ligne de Hanoi à Lao-kay							
Hanoi — *Départ* . . .	9h.21	»	»	Lao-kay — *Départ* . .	6h.30	»	»
Lao-kay — *Arrivée* . .	7 47	»	»	Hanoi — *Arrivée* . . .	5 20	»	»
Ligne de Lao-Kay à Amitchéou							
					Matin	*Matin*	
Lao-kay — *Départ* . .	6h.25	»	»	Amitchéou — *Départ*.	8h.04	6 30	»
Amitcheou — *Arrivée* .	5 51	»	»	Lao-kay — *Arrivée*. .	6 09	4 45	»
Ligne de Amitchéou à Yunnanfou							
Amitchéou — *Départ* .	6h.40	»	»	Yunnanfou — *Départ* .	7 44	»	»
Yunnanfou — *Arrivée* .	4 5[illegible]	»	»	Amitchéou — *Arrivée* .	5 37	»	»

CIRCONSCRIPTION D'EXPLOITATION DES CHEMINS DE FER DE L'INDOCHINE

ARRONDISSEMENT DU NORD

Ligne de Hanoi à Nam-dinh.

GARES	TRAINS RÉGULIERS				GARES	TRAINS RÉGULIERS			
	MATIN		SOIR			MATIN		SOIR	
	h.	h.	h	h.		h.	h.	h.	h.
Hanoi, *Départ*	6.03	10.25	12.55	17.44	Nam-dinh — *Départ*. .	5.53	9.15	14.57	16.31
Nam-dinh, *Arrivée* . .	8.56	13.52	16.20	21.06	Hanoi — *Arrivée*. . . .	9.17	12.41	17.42	19.58

Ligne de Hanoi à Thanh-hoa.

	h.	h.		h.	h.
Hanoi, *Départ*	6.03	12.55	Thanh-hoa — *Départ*.	5.30	12.00
Thanh-hoa, *Arrivée*. .	11.57	10.58	Hanoi — *Arrivée* . . .	12.41	17.42

Ligne de Thanh-hoa à Bên-thuy.

	h.	h.		h.	h.
Thanh-hoa, *Départ* . .	5.47	12.42	Bên-thuy — *Départ*. .	6.30	13.52
Ben-thuy, *Arrivée* . . .	11.41	17.28	Thanh-hoa — *Arrivée*.	11.15	20.04

Ligne de Hanoi à Na-cham.

GARES	TRAINS RÉGULIERS		GARES	TRAINS RÉGULIERS	
	MATIN	SOIR		MATIN	SOIR
	h	h		h	h
Hanoi, *Départ*	6•00	12•56	Na-Cham, *Départ*	5•35	10•05
Na-cham, *Arrivée* . . .	13•26	21 16	Hanoi, *Arrivée*.	12•45	19•03

Ligne de Hanoi à Bên-thuy.

TRAINS DE VOYAGEURS HEBDOMADAIRES DE NUIT

Train qui part le jeudi soir		Train qui part le lundi soir	
	h		h
Hanoi — *Départ*.	20•00	Bên-thuy — *Départ*	20•40
Bên-thuy — *Arrivée*	5 12	Hanoi — *Arrivée*	5•57

SERVICE RAPIDE ENTRE HANOI & SAIGON

HANOI — SAIGON

Station		Jour	Heure		Service
Hanoi —	Départ	le jeudi	20h.	00	Train nuit 151
Vinh	Arrivée	le vend.	4	58	
	Départ	—	5	00	Autom.
Dong-ha	Arrivée	—	17	30	
	Départ	—	17	30	Train de nuit 14 & B
Huế	Arrivée	—	19	18	
	Départ	—	21	00	
Tourane	Arrivée	le sam.	1	00	
	Départ	—	6	00	Automobiles
Qui-nhon	Arrivée	—	18	30	
	Départ	le dim.	5	30	
Nha-trang	Arrivée	—	17	30	
	Départ	-	17	44	Train nuit 110-102
Saigon —	Arrivée	le lundi	6	00	

SAIGON — HANOI

Station		Jour	Heure		Service
Saigon —	Départ	le vend.	21h.	15	Train nuit 101-109
Nha trang	Arrivée	le sam.	8	35	
	Départ	—	8	35	Automobile
Qui-nhon	Arrivée	—	20	30	
	Départ	le dim.	6	00	
Tourane	Arrivée	—	18	30	
	Départ	—	21	00	Train de nuit A & 11
Huế	Arrivée	le lundi	1	02	
	Départ	—	5	40	
Dong-ha	Arrivée	—	7	30	
	Départ	—	7	45	autom.
Vinh	Arrivée	—	21	00	
	Départ	—	21	00	Train nuit 152
Hanoi —	Arrivée	le mardi.	5	57	

Nota. — Les heures concernant les services d'automobiles ne sont données qu'a titre d'indication, sans garantie.

FOIRE DE HANOI 1925

RAPPORT SUR LES RÉSULTATS DE LA FOIRE 1925

L'HEUREUSE gestion du budget de la Foire 1924 laissa au Comité un reliquat assez important qui lui permit d'engager, dès février, les premiers frais d'organisation de la Foire 1925 et lui évita ainsi de se trouver à découvert pendant la période d'attente qui s'écoule généralement entre la clôture d'une Foire et le mandatement des subventions afférentes à celle qui suit.

La participation étrangère n'a pas été aussi importante que celle de l'année dernière, cela tient très certainement à ce que notre Tarif Douanier semble avoir été établi pour décourager les meilleures volontés.

Le Japon, seul, a exposé mais sous une forme plus réduite ; quant à la Chine et au Yunnan les difficultés dans lesquelles ces pays se trouvent actuellement ne leur permettent point de participer à notre Manifestation Economique.

Les expositions particulières des pays de l'Union furent cette année dignes de tous les éloges.

L'effort des provinces du Tonkin se développe chaque année davantage et il y a lieu de noter la nouvelle participation des provinces de : Bac-Ninh, Thai-Binh, Hoa-Binh et Yen-Bay.

La Métropole ne nous a envoyé que quatre exposants dont deux se déclarèrent forfaits à la dernière heure, et ce, en raison des marchandises qui n'arrivèrent pas en temps opportun.

Le Comité soigna particulièrement son chapitre « Propagande » et pour la première fois des affiches furent apposées à Paris ; d'autre part, il fit éditer des vignettes de propagande dont un grand nombre fût remis aux principales Maisons de Commerce de l'Indochine.

C'est sous les auspices de l'Union des Chambres de Commerce du Japon que des négociants japonais participèrent à la Foire de cette année. Ils exposèrent des satsumas, des cloisonnés, des bronzes artistiques, des ivoires, des jouets en celluloïd, des poupées, de la verrerie, gobeletterie, parasols et soieries.

Leur représentant se déclara satisfait des résultats obtenus.

Comme dit plus haut, les Pays de l'Union rivalisèrent pour mettre sous les yeux des visiteurs de nouveaux produits dont la présentation s'alliait à un goût parfait.

L'Annam était représenté cette année par M. Fontana qui abandonna la partie purement exposition pour la partie commerciale ; les résultats que ne manquera pas de nous communiquer le Délégué de ce Pays de l'Union nous indiqueront quelle est la formule à retenir pour l'avenir.

A signaler que quatre des plus intéressantes industries de l'Annam exposaient dans ce Pavillon.

Un catalogue original, relié à la mode du pays et divisé en deux parties : l'une commerciale et l'autre touristique, fût très apprécié du public.

Dans un Pavillon agrandi et aménagé par les soins du Comité, M. Campocasso, Délégué du Cambodge pût donner libre cours à ses talents d'organisateur et son exposition fut parfaite en tous points.

Outre les nombreux articles et produits déjà connus du public, M. Campocasso créa une « Section touristique » véritable propagande en faveur du Cambodge et de ses sites merveilleux.

Un dépliant donnant d'intéressants renseignements sur le Tourisme au Cambodge était distribué aux visiteurs.

M. Guillaume, Délégué de la Cochinchine, présenta un répertoire d'échantillons des principales productions du pays, présentation qui se complétait par une documentation économique des plus intéressantes (plus de 50 cartes, graphiques, etc. . . .)

A cette exposition était annexée une section de vente directe de certains articles de luxe cochinchinois (objets en écaille, bijoux de fabrication indigène) ainsi qu'une participation effective des plus importantes industries cochinchinoises.

L'Exposition du Laos organisée par M. Malpuech porta surtout son effort sur les textiles qui furent, en 1924, une véritable révélation.

Au point de vue minier, il était exposé, pour la première fois des échantillons de minerai d'étain en provenance de la Société d'Etudes et d'Exploitation Minière de l'Indochine qui exploite les gisements de Pakimboum.

Ces échantillons ont retenu l'attention d'un grand nombre de visiteurs.

En outre, les produits et sous-produits forestiers y étaient en bonne place ainsi que les soieries et broderies indigènes.

Les provinces du Tonkin ont fourni cette année un effort qui mérite d'être signalé et MM. les Chefs des provinces reconnaissent de plus en plus que la Foire représente pour leurs administrés un intérêt certain.

Comme il a été dit au début de ce rapport et indépendamment des provinces qui exposent chaque année, nous avons eu à enregistrer la venue des provinces de Bac-Ninh, Hoa-Binh, Thai-Binh, Yen-Bay.

Une mention spéciale mérite d'être accordée à l'exposition de la province de Bac-Ninh dont son Résident M. Wintrebert a été le véritable animateur.

Cette Exposition présentée sous la forme d'une « rue de Bac-Ninh » obtint le plus franc succès tant pour son originalité que pour le résultat obtenu ; car les ventes, soit au comptant ou à terme, accusèrent un chiffre global de 10.059 $.

Les provinces de Hoa-Binh et Yèn-Bay, indépendamment des produits exposés, envoyèrent à la Foire une délégation d'indigènes — Mans et batteuses de tam — qui ne semblèrent pas trop effarouchés de la curiosité dont ils étaient l'objet.

M. le Résident de Thai-Binh, faisant droit à la demande de plusieurs de ses administrés, loua un stand au nom de la province.

Nous ne saurions trop rendre hommage à l'esprit d'initiative de MM. les Résidents et de certaines notabilités indigènes qui décidèrent de participer à la Foire, car c'est volontairement qu'ils s'imposèrent cette tâche, et nous pouvons affirmer sans craindre d'être démentis, que ce n'est nullement par ordre que les Chefs de province participent à notre manifestation économique ; l'autorité supérieure leur laissant au contraire toute liberté à ce sujet.

Il est nécessaire d'ajouter qu'une liaison parfaite existe entre le Comité et Messieurs les Délégués des Pays de l'Union, les Résidents-Chefs de province, et que chacun dans sa sphère travaille en parfait accord pour la plus grande réussite de la Foire.

Les Services Agricoles du Tonkin, dirigés par M. Braemer, ont fait un effort cette année et ont présenté dans le Hall des Petites Industries une exposition des plus intéressantes-échantillons des diverses espèces de caféiers, de thé et de maïs provenant des stations expérimentales de Phu-Ho et Tuyên-Quang : des divers textiles : camphre, tabac, benjoin, laque, — cocons provenant des divers races et croisements.

Les ravages causés par le Borer dans les plantations tonkinoises étaient présentés d'une façon très ingénieuse.

A noter également les démonstrations journalières d'un trieur de grains — le Trieur Marot — qui ont fort intéressé les Indigènes.

Nous avons remarqué avec une réelle satisfaction que le Musée Maurice Long était ouvert au public pendant la durée de la Foire.

Répondant à la demande des Chambres de Commerce et d'Agriculture du Tonkin, 14 maisons européennes et 18 maisons indigènes exposèrent leurs produits dans les stands mis à leur disposition.

La province de Bac-Giang exposa également quelques articles car le petit nombre de ses produits ne lui permettait pas d'engager les frais de location d'un stand.

Nous sommes obligés de constater que la Section « Metropole » ne donna pas ce que nous espérions ; mais il faut reconnaître aussi que ce n'est que cette année seulement qu'une publicité plus rationnelle fût faite en France.

Un des exposants métropolitains, la Société « Franco-Asiatic Commercial » d'Angers ne put ouvrir son stand car ses marchandises n'arrivèrent pas à temps (d'après les renseignements qui nous parvinrent, elles ne furent embarquées qu'au commencement de novembre).

De tels contre-temps risquent d'avoir une répercussion fâcheuse sur la participation métropolitaine à la Foire de Hanoi et le Comité — dans le but d'éviter le retour de pareilles erreurs de la part des Exposants — attirera particulièrement l'attention de M. le Directeur de l'Agence Economique de l'Indochine et de M. Ch. Grawitz, Président Honoraire de la Chambre de Commerce de Hanoi et ancien Président du Comité d'Organisation de la Foire actuellement en résidence à Paris, sur les inconvénients précités.

Ainsi que les années précédentes, le Jury du « Concours avec primes » eût à statuer sur les différents articles exposés (Série 1925) et décerna 725$ de primes en espèces, 22 diplômes de mérite et 10 mentions honorables.

Toutefois, le Jury tint à signaler au Comité de Direction le peu de progrès réalisé par les exposants indigènes et ses observations corroborent avec celles du Jury précédent.

L'évolution de l'Indigène est très lente et il a de grandes difficultés à comprendre que le Concours institué par le comité de la Foire est un *Concours commercial et industriel* et non un Concours artistique ou de fantaisie.

Poursuivant son plan d'amélioration, et sur la demande de M. le Résident Supérieur au Cambodge — sous un mode de remboursement déterminé — le Comité de la Foire fit agrandir les stands occupés par ce pays et les transforma en une vaste salle d'Exposition.

Si nous abordons à présent le résultat financier de la Foire (Ventes effectuées à terme et au comptant) nous sommes obligés de constater une sensible diminution :

2.979.843 fr. 96 contre 3.383 277 fr. 00 en 1924.

Quelles en sont les causes ?

En tout premier lieu le facteur « Entrées Payantes » que l'on s'est plu à mettre en avant n'est pas à retenir car le prix modique de l'entrée n'a nullement empêché le visiteur de se rendre à la Foire et les 92.728 entrées pour 12 jours « payants » sont suffisamment éloquentes pour que nous ne nous attardions pas plus longtemps sur ce point (Moyenne journalière : 7.727 personnes) au reste, nombre d'exposants félicitèrent le Comité de la mesure qu'il avait prise.

Le mouvement des entrées à la Foire se présente comme suit :

DATES	NOMBRE DE TICKETS VENDUS	
	EUROPÉENS	INDIGÈNES
29 Novembre	6.138	15.113
30 Novembre	921	6 906
1er Décembre	1.240	4.001
2 Décembre	710	5 606
4 Décembre	605	4.780
5 Décembre . . .	638	6.629
6 Décembre	2.073	18.920
7 Décembre	431	4.553
8 Décembre . . .	330	3 041
9 Décembre	380	2.873
11 Décembre	418	1 840
12 Décembre	[illegible]	3.080
Total	14.480	78.242

A notre avis, la diminution des ventes provient uniquement du taux élevé de la piastre (moyenne des 15 jours de tenue de la Foire 14 fr. 30 contre 10 fr. 14 en 1924 et 9 fr. 35 en 1923).

Les visiteurs européens restreignirent sensiblement leurs achats et les pavillons du Cambodge, de la Cochinchine, de l'Annam et du Laos s'en ressentirent sérieusement, principalement pour ce qui concernait la vente des soies, crépons, écharpes et sampots.

Les ventes chez les Indigènes ont également diminué, nous citerons pour exemple, les chiffres ci-après :

	VENTE EN 1924	VENTE EN 1925
	—	
Articles de voyage	2.867 $ 00	1.473 $ 00
Broderies — Dentelles ..	3.679 00	2.484 00
Cuivres et bronzes	11.411 00	5.381 00
Meubles incrustés	9.509 00	6.331 00
Meubles sculptés	13.063 00	9.131 00
Meubles genre Thonet ...	487 00	Néant
Objets en ivoire	720 00	500 00
Objets en écaille	1.100 00	716 00
Objets laqués	1.982 00	515 00
Porcelaines — Antiquités .	5.124 00	2.733 00
Soieries — Tissus — draperies	1.661 00	1.000 00

ceci pour les locataires de stands.

Les Expositions particulières accusent :

	1924	**1925**
	—	—
Annam	5.514.00	4.600.00
Cochinchine	4.020.00	6 300.00
Cambodge...........	12.000.00	4.592.00
Laos...............	4.500.00	5.489.00

Province de Hadong	5.000.00	4.322.00	
Province de Nam-Dinh . . .	4.291.00	1.700.00	
Province de Sontay	552.00	425.00	
Province de Hung-Yèn . . .	460.00	256.00	
Province de Hai-Duong . .	700.00	980.00	
Province de Bac-Ninh . . .	Néant	10.059.00	1re année.
Province de Yen-Bay. . . .	»	390.00	
Province de Thai-Binh . . .	»	528.00	
Province de Hoa-Binh . . .	»	150.00	
Participation du Japon . . .	2.636.00	5.531.00	
Petites industries (Musée Maurice Long)	2.637.00	1.200.00	

La province de Bac-Ninh a fait un chiffre d'affaires intéressant, de même que les Industriels japonais qui étaient représentés par M. Matusita.

Il faut tenir compte également de l'esprit changeant de la clientèle qui se portera plus particulièrement suivant les années sur tel stand ou pavillon, plutôt que sur tel autre.

Les chiffres que nous publions sont ceux qui nous ont été donnés par les représentants des Pays de l'Union et des provinces, ainsi que par les représentants des locataires des stands occupés ou par les locataires eux-mêmes ; mais il serait peut-être utile de noter que la crainte d'une fiscalité future incita certains de nos participants à nous remettre des déclarations sensiblement inférieures à la réalité.

Quoiqu'il en soit le montant des transactions tant à terme qu'au comptant résultant des déclarations des exposants à la Foire de 1925 s'est élevé à :

160.187 $ 69 et	689.160 fr. 00
160.187 $ 69 au taux moyen de 14 fr. 30	2.290.683 96
Total :	2.979.843 fr. 96

En 1924, le montant des transactions évalué en francs s'était élevé à. . . .	3.383.277 fr. 00
Pour l'année 1925 le relevé des fiches accuse après conversion, un total de . . .	2.979.843 96
La différence en moins pour l'année 1925 est donc de	403.433 fr. 04

Mais il est à remarquer que les efforts du Comité d'Organisation tendant à transformer progressivement la Foire actuelle en Foire d'échantillons, les recettes effectuées par les Exposants pendant la tenue de la foire doivent être de ce chef considérées comme accessoires. Il n'est pas douteux, en effet, que la participation à notre manifestation économique constitue pour les exposants une réclame aussi intéressante que productive.

DÉNOMBREMENT DES EXPOSANTS

Indigènes y compris ceux qui figuraient dans les Expositions particulières des Pays de l'Union et des provinces du Tonkin.	1.660
Maisons ou Sociétés françaises	68
Maisons japonaises	5
à reporter . . .	1.733

Report.	1.733
Expositions particulières des Pays de l'Union et provinces du Tonkin joints aux exposants qui ont fait construire des pavillons ou loué du terrain nu.	22
Total des exposants :	1.755

contre 1.839 en 1924,
soit une diminution de 84 exposants qui n'affecte que les Indigènes et les participations étrangères car les Maisons ou Sociétés françaises sont passées cette année à 68 contre 52 en 1924.

Si nous devons maintenant tirer une conclusion de la Foire qui vient de se terminer, il importe de retenir un point important c'est que malgré l'absence de participants étrangers ou presque 5 contre 62 en 1924, seuls sept stands de la Série A ne furent pas loués, la participation française et indigène n'a donc pas fléchie.

Quant à déterminer si les affaires traitées ont été en rapport avec le nombre d'exposants ceci est plus délicat, car nous sommes obligés de nous en rapporter aux chiffres de vente donnés par les exposants eux-mêmes; malgré cela il apparaît nettement que l'élévation du taux de la piastre a, dans une certaine proportion, entravé les transactions.

Quoiqu'il en soit, la Foire de cette année a prouvé à nouveau qu'elle était une Institution d'Intérêt général et que les efforts qui ont été fournis sont loins d'avoir été stériles.

Certes, le programme initial n'est pas encore entièrement réalisé mais le Comité d'Organisation qui a déjà fourni un effort marquant continuera à perfectionner une institution qui est née en son temps.

Mais pour ce faire il faut qu'il puisse compter sur le concours de tous et nous nous faisons un devoir de présenter ici les plus vifs remerciements du Comité à Messieurs les Chefs d'Administration locale, aux Conseils Municipaux de Hanoi et de Haiphong ainsi qu'aux Assemblées consulaires du Tonkin qui ont bien voulu apporter, à l'Institution dont le Comité à la charge, leur appui moral et financier.

Aussi, les résultats sont là qui légitiment grandement les sacrifices consentis depuis la création de la Foire et les efforts continus de ses organisateurs, qui assument bénévolement la lourde tâche qui leur a été confiée pour le plus grand bien du développement économique de l'Indochine.

HỘI-CHỢ HANOI NĂM 1925

Tờ trình về sự kết quả cuộc Hội-chợ năm 1925

CÁI cách quản trị khôn khéo số dự toán về cuộc Hội-chợ năm 1924 đã để lại cho Hội-đồng tổ chức một số tiền còn thừa cũng khá to; nhờ có số tiền ấy mà Hội-đồng đã có thể bắt đầu chi phí về cách sếp đặt cuộc Hội-Chợ năm 1925 ngay từ tháng hai tây và khỏi phải cái nỗi thiếu tiền trong cái thời kỳ chờ đợi thường thường phải từ lúc tan cuộc Hội-chợ đến khi được những số tiền chợ cấp cho cuộc sau.

Các nước ngoài đến dự Hội-chợ không được nhiều bằng năm ngoái; điều ấy chắc là tại giá thuế thương chánh hình như lập ra để làm cho các nhà nhiệt thành phải thoái chí.

Duy chỉ có nước Nhật-Bản, đem hàng đến bầy nhưng cũng lại ít quá. Còn như nước Tầu và tỉnh Vân-Nam thì tình thế hiện nay đương vào thời kỳ khó khăn nên không có thể đến dự vào cuộc kinh tế này được.

Những nơi bầy hàng riêng của các sứ Đông-Pháp thì năm nay đáng khen lắm. Các tỉnh ở hạt Bắc-Kỳ mỗi năm mỗi thấy gắng gỏi nhiều; có một điều nên ghi là năm nay lại được thêm có mấy tỉnh : Bắc-Ninh, Thái-Bình, Hòa-Bình và Yên-Bay đến dự nữa.

Ở bên Pháp thì chỉ có bốn nhà sang dự cuộc mà hai người đến lúc cuối cùng phải xin thôi, vì hàng hóa gửi đến không kịp.

Hội-đồng tổ chức vườn chú ý về mục « quảng cáo » lắm nên các tờ yết thị dán ở bên Kinh-Đô Ba-Lê lần này là lần đầu. Hội-đồng lại còn thuê in nhiều tranh vẽ để quảng cáo, một số rất nhiều những tranh vẽ ấy đem gửi các nhà buôn to ở Đông-Pháp

Ấy nhờ có các phòng Thương-mại Nhật-Bản mà các nhà buôn Nhật năm nay mới đến dự Hội-chợ. Họ đem bày những đồ satsumas, những đồ sơn, những đồ đồng mỹ thuật, những đồ ngà, những đồ chơi bằng nhựa, những con búp-bê, các đồ pha lê và thủy tinh, các thứ chén cốc, các thứ ô lọng và các hàng tơ lụa.

Người đứng đại biểu cho những nhà dự Hội tỏ ý rất thỏa thích vì có kết quả nhiều.

Như trên đã nói, các xứ ở Đông-Pháp đua nhau để bày ở trước mắt khách xem nhiều thứ hoá vật mới lạ hợp với cái sở thích của người.

Năm nay, xứ Trung-Kỳ có ông Fontana đứng đại biểu ông đã bỏ hẳn cái lối bày hàng theo cách đấu xảo mà thay cái lối bày theo cách buôn bán vào, chắc ông đại biểu xứ ấy rồi đây cũng thông cáo cho chúng tôi biết cái kết quả mà cái kết quả ấy sẽ chỉ cho ta cái lề lối để nhớ về sau này nên nhận có bốn thứ kỹ nghệ hay nhất đem đến bày ở khu ấy.

Quyển mẫu hàng khác kiểu đóng theo lối bản xứ có chia làm hai phần, một phần nói về việc buôn bán, một phần nói về đường du lịch thì được công chúng ngợi khen lắm. Ở trong khu Cao-Miên mà Hội-đồng đã trông coi để làm rộng thêm và sửa sang lại thì ông Campocasso là đại biểu xứ ấy có thể tự do đem cái tài khéo sếp đặt ra nên cách bày hàng về phương diện nào cũng hoàn hảo cả. Trừ ra nhiều thứ hàng và hóa sản công chúng đều biết cả rồi, thì ông Campocasso lại lập thêm một « chi Mỹ-thuật » ; chi ấy thực là một cách quảng cáo công hiệu nhất cho xứ Cao-Mên và những phong cảnh đẹp dễ lạ lùng ở xứ ấy.

Tập dây gấp có chỉ bảo nhiều điều hay về cuộc du-lịch ở Cao-Mên đều phân phát cho những người đến xem. Ông Guillaume là đại biểu xứ Nam-Kỳ cho bày một số nhiều mẫu các thổ sản chính của xứ ấy, lại thêm được có nhiều tài liệu rất hay về cuộc kinh tế (có đến hơn 50 cái bản đồ và bản vẽ, vân vân...)

Đã bày thế, lại có phụ một chi để bán trực tiếp ít thứ hàng trang điểm của xứ Nam-Kỳ (đồ bằng đồi mồi, đồ nữ trang của dân bản xứ làm). Các kỹ nghệ to ở Nam-Kỳ cũng có một phần to đem đến dự nữa.

Cách bày hàng của xứ Ai-Lao do ông Malpuech sếp đặt thì chú trọng về những thứ cây có sợi năm 1924 đã thành một cách quảng cáo rất diệu.

Về các khoáng chất thì kỳ năm nay có bày các mẫu mỏ kẽm là lần đầu ; mỏ này là của Công-Ty Đông-Pháp khoáng chất khai-thác khảo học lấy tại mỏ ở Pakimboun ra. Những mẫu hàng ấy được một số rất nhiều người xem chú ý đến.

Vả các lâm sản cùng tạp sản ở rừng cũng bầy một cách khôn khéo như các hàng tơ lụa và các đồ thêu của người bản-xứ.

Các tỉnh xứ Bắc-Kỳ thì năm nay đã thấy có sức thực đáng nên chú ý và các quan chủ tỉnh càng ngày càng rõ rằng Hội-chợ là cuộc có ích lợi chắc chắn của những người dân dưới quyền mình.

Như trên đầu tờ trình này đã nói, trừ ra các tỉnh mỗi năm có hàng bầy đã đành, ta nên nhận rằng năm nay lại thêm có mấy tỉnh Bắc-Ninh, Hoà-Bình, Thái-Bình và Yên-Bay đến dự nữa. Cái cách dự hội của tỉnh Bắc-Ninh đáng nên khen riêng ; quan sứ tỉnh ấy là ông Wintrebert thực là một người rất nhiệt thành vậy. Việc xếp đặt thành một cái «phố Bắc-Ninh» đã được công hiệu lắm, phần vì cái cách bầy lạ, phần vì cái kết quả rất tốt, vì theo như số bán được, vừa bán chịu, vừa bán tiền ngay, cộng tới một số to là 10.059 $.

Tỉnh Hoà-Bình và Tỉnh Yên-Bay, trừ những hoá sản đã bầy ra, lại còn phái đến Hội-chợ một đội người, vừa người Mán, vừa người thổi kèn, coi chừng bọn ấy cũng không lấy cái tính tò mò của người đến xem làm sợ hãi cho lắm.

Quan sứ Thái-Bình, theo như nhời xin của nhiều người, đã thuê riêng một dan cho tỉnh Thái-Bình.

Chúng tôi không biết cảm tạ thế nào cho sứng với cái sáng kiến của các Quan Công sứ và các nhà thân-hào bản xứ đã nhất quyết dự cuộc Hội-Chợ, vì các ngài làm thế là tự ý muốn của các ngài, chứ chúng tôi giám chắc mà không sợ nói sai rằng :

«Không phải là vì các Quan chủ tỉnh đã theo lệnh trên mà dự vào cuộc kinh tế này, vì các Quan trên để các ngài ấy được tự do về điều đó.

Lại cần phải nói thêm rằng : trong Hội-đồng tổ chức và các ngài đại biểu các xứ ở Đông-Pháp cùng các quan Công-sứ các tỉnh, có một mối liên lạc rứt hoàn hảo nên ai nấy đều làm hợp nhau để cuộc Hội-chợ được cơ kết quả to.

Sở Nông-Chính Bắc-Kỳ do ông Braemer chủ trương thì năm nay đã cố sức và đã bầy trong dan « hàng các nghề vặt », những mẫu các thứ cà phê, các thứ chè, các thứ ngô lấy ở sở thí nghiệm Phú-Thọ và Tuyên-Quang, các thứ cây để lấy sợi, long não, thuốc lá, an tức hương, sơn, và các thứ kén lấy ở các giống tầm và các giống pha.

Về thứ sâu Borer làm tai hại các nơi giồng cây cà-phê cũng khéo bầy cho mọi người xem được dễ hiểu.

Lại cũng nên nhận đến cái cách chỉ dẫn hàng ngày của thứ máy trọn hạt giống kiểu Marot, dân ta ra chừng thích xem lắm.

Chúng tôi lấy làm thỏa lòng mà nghiệm rằng trong suốt kỳ Hội-chợ nhà bảo tàng Maurice Long đều có mở cửa cho công chúng vào xem.

Chiếu lời xin của phòng Thương-mại và Canh-Nông ở Bắc-Kỳ thì có 14 nhà buôn Âu-Tây và 18 nhà buôn bản xứ bầy các hóa sản ở trong những gian đã để riêng cho họ.

Tính Bắc-Giang cũng đem đến bầy một vài thứ hàng, vì thổ sản tính ấy có ít nên không có thể thuê riêng một gian được sợ phí tiền.

Chúng tôi bất đắc dĩ phải nghiệm rằng khu Đại-Pháp không được kết quả như chúng tôi đã trông mong, nhưng cũng nên biết rằng chỉ mới có năm nay là sự quảng cáo mới làm cách khôn khéo ở bên Pháp mà thôi. Trong những nhà dự cuộc Hội-chợ người Pháp, có Công ty « Âu Á thương-cục » ở Angers không có thể mở gian hàng được, vì đồ hàng không sang kịp (cứ theo tin tức chúng tôi đã tiếp được, thì những hàng hóa mãi đến đầu tháng một tây mới cho xuống tầu để đem sang.

Ấy những sự nhật ngày ấy hầu làm cho cuộc dự Hội-chợ của các nhà buôn bên Pháp phải khó khăn nên Hội-đồng tổ chức, vì mục đích muốn chánh những sự sai nhầm cho các nhà dự cuộc nên mong rằng quan Chánh nhà Đông-Pháp Kinh Tế Cục và ông Ch. Grawitz là danh dự Hội-trưởng phòng Thương-mại Hanoi và là Chánh Hội-trưởng cũ Hội-đồng Trị-sự cuộc Hội-chợ hiện đương ở bên Ba-Lê nên chú ý về những sự ngăn chở đã xảy ấy.

Cũng như mọi năm trước. Hội-đồng sét về cuộc thi có thưởng đã sét mấy thứ hàng bầy khác nhau (thuộc về năm 1925) và đã thưởng 7258oo, hai mươi hai cái bằng cấp và 10 cái giây khen.

Dù vậy Hội-đồng vườn phải phàn nàn với ban Trị-sự về cái nỗi ít tiến bộ của những nhà dự cuộc người bản xứ, những nhời sét nét ấy cũng hợp với ý kiên Hội-đồng năm trước

Sự tiến hóa của người bản xứ chậm chạp quá và thật là là một sự rứt khó mà làm cho họ hiểu được rằng ban tổ-chức Hội-chợ sở dĩ lập ra cuộc thi ấy là cuộc thi về phương diện Thương-mại và kỳ nghệ chứ không phải là cuộc thi về phương diện mỹ thuật hay dư hý.

Ban tổ chức Hội-chợ vườn theo duổi cái chương trình khuyêch trương của Hội và chiếu như lời xin của quan Khâm-Xứ Cao-Mên theo cách giá tiền có hạn nên có mở khu bầy hàng của xứ ấy rộng thêm ra làm thành một vi bầy hàng mông mênh to tát.

Nêu bây giờ ta xem đên cái kêt quả về đường tài chính của Hội-chợ (hoặc bán hàng giá tiền có hạn hay bán tiền ngay) thì ta bắt cũng phải nghiệm rằng có giảm đi nhiều : năm 1924 bán được tới 3.383.277 quan. mà năm nay chỉ được có 2.979.843 quan.

Thê thì vì những cớ gì vậy ? Trước hêt sự vào cửa phải mât tiền mà người ta thuận dó không phải chú ý gì vì sô tiền vào cửa có là bao ấy có lẽ nào lại làm ngăn chở được những khách đến xem Hội-chợ, cứ xem như trong 12 ngày phải giả tiền mà được 92.728 người vào thì cũng đủ mãn nguyện, làm cho ta không phải để ý lâu vào sự ấy (vì tính như thế thì đánh đổ đồng mỗi ngày cũng được 7.727 người vào xem). Vả lại có biết bao người dự Hội-chợ đã ngợi khen Ban trị sự về cách hành động ấy.

Những người vào xem Hội-chợ tính theo như sau :

NGÀY		SỐ VÉ ĐÃ BÁN ĐƯỢC	
		NGƯỜI ÂU TÂY	NGƯỜI BẢN XỨ
29	tháng Novembre	6.138	15.113
30	—	921	6.906
1er	tháng Décembre	1.240	4.901
2	—	710	5.6[illegible]6
4	—	605	4.780
5	—	638	6.629
6	—	2.073	18.920
7	—	431	4.553
8	—	330	3.041
9	—	380	2.873
11	—	418	1.840
12	—	602	3.080
	Cộng là	14.486	78.242

Cứ như thiển ý chúng tôi thì sự giảm số bán được ấy là chỉ tại giá bạc cao quá (tính giá bạc trung bình trong 15 ngày Hội-chợ là 14 quan 30, (thế mà về năm 1924 có 10 quan 14 và năm 1923 có 9 quan 35).

Những người Âu Tây đến xem mua ít hẳn đi, mấy vị Cao-Mên, Nam-Kỳ, Trung-Kỳ và Ai-Lao bị thiệt về sự ấy nhiều hơn hết, nhất là về sự bán những đồ hàng tơ lụa, vóc nhiễu, khăn quàng và áo sampots.

Những người Bản-xứ bán cũng thấy giảm đi, đại để như :

	NĂM 1924 BÁN ĐƯỢC	NĂM 1925 BÁN ĐƯỢC
Các đồ hành lý . . .	2.867 $ 00	1.473 $ 00
Các đồ thêu ; đồ đăng-ten.	3.679 00	2.484 00
Các đồ đồng đỏ và đồng đen	11.411 00	5.381 00
Các đồ bàn ghế khảm.	9.509 00	6.331 00
Các đồ bàn ghế chạm.	13.063 00	9.131 00
Các đồ bàn ghế bằng song lối Thonet . .	487 00	không có
Các đồ bằng ngà . .	720 00	500 00
Các đồ bằng đồi mồi .	1.100 00	716 00
Các đồ sơn	1.982 00	515 00
Các đồ xứ và đồ cổ .	5.124 00	2.723 00
Các hàng tơ lụa, vải vóc và dạ	1.661 00	1.000 00

Số ấy là nói về những nhà thuê gian hàng ở Hội-chợ.

Những dãy hàng riêng thì bán được như sau này :

	NĂM 1924	NĂM 925	
Xứ Trung-kỳ	5.514 $ 00	4.600 $ 00	
Xứ Nam-kỳ	4.020 00	6.300 00	
Xứ Cao-Mên	12.000 00	4.592 00	
Xứ Ai-Lao	4.500 00	5.489 00	
Tỉnh Hà-Đông. . . .	5.000 00	4.322 00	
Tỉnh Nam-Định . . .	4.291 00	1.700 00	
Tỉnh Sơn-Tây. . . .	552 00	425 00	
Tỉnh Hưng-Yên . . .	460 00	256 00	
Tỉnh Hải-Dương. . .	700 00	980 00	
Tỉnh Bắc-Ninh. . . .	Không có	10.059 00	là năm thứ nhất
Tỉnh Yên-Bay	»	390 00	
Tỉnh Thái-Bình . . .	»	528 00	
Tỉnh Hòa-Bình. . . .	»	150 00	
Những nhà buôn người Nhật đến dự. . . .	2.636 00	5.531 00	
Gian hàng các nghề vặt (Nhà bảo tàng Maurice Long)	2.637 00	1.200 00	

Về tỉnh Bắc-Ninh, số bán được khá lắm, cũng như các nhà kỹ nghệ Nhật do ông Matusita đứng đại biểu bán được cũng nhiều.

Lại cần phải nên biết đến cái ý kiến thay đổi của bạn hàng tùy từng năm, có năm họ chú ý về gian hàng này, có năm họ lại chú ý về gian hàng khác.

Những số mà chúng tôi in đây là những số của các nhà đại biểu các xứ Đông-Pháp, các nhà thay mặt các tỉnh, các nhà đại biểu các chủ thuê gian hàng hay chính của các nhà thuê gian hàng thông cáo cho chúng tôi, nhưng có lẽ cũng có ích mà nhận rằng : vì sự sợ đánh thuế sau này làm cho nhiều nhà dự Hội-chợ phải gửi đến cho chúng tôi những sồ kém hơn sồ thực được chăng. Dù vậy, những sồ tiền bán được, hoặc bán chịu có hạn, hoặc bán tiền ngay, cứ theo như lời khai của các nhà bầy hàng tại Hội-chợ thì năm 1925 tính được là : 160.187 $ 69 và 689.160 fr. 00

160.187 $ 69 tính theo giá bạc chung bình là 14 fr. 30 một đồng thì được là .	2.290.683 96
Cộng là	2.979.843 fr. 96
Năm 1924, sồ tiền bán được tính theo giá quan tiền tây được là	3.883 277 fr. 00
Năm 1925, tính theo các giấy biên tiền rồi quy theo giá quan tiền tây thì được là.	2.979.843 96
Vậy trong năm 1925 kém đi có	403.433 fr. 04

Nhưng cũng nên biết rằng Hội-Đồng tổ chức cố hết sức là cốt để đổi dần dần cuộc hội-chợ bây giờ thành cuộc Hội-chợ bày các mẫu hàng, nên cái sồ tiền của các nhà bày hàng thu được trong kỳ Hội-chợ cũng chỉ nên coi như là một khoản thu phụ mà thôi. Vả lại cứ thực tình ra thì cuộc kinh tế này là một cách rao hàng rất công hiệu và rất ích lợi cho các nhà đem đồ hàng bày tại Hội-chợ.

Các nhà bày hàng tại Hội-chợ tính ra như sau này :

Tính cả những người có tên trong những nơi bày hàng riêng từng xứ ở Đông-Pháp và ở các tỉnh hạt Bắc-kỳ

thì số người bản xứ đến dự Hội-chợ được là : 1660 người
Số các hiệu và công ty Đại-Pháp có dự hội là : 68 »
Số các hiệu Nhật-bản là : . . . . 5 »
Tính cả những nhà bán hàng riêng ở các xứ Đông-Pháp và các tỉnh hạt Bắc-kỳ cùng các nhà bầy hàng đã làm những gian hàng riêng hay đã thuê đất không là . . . . 22 »
Tổng cộng những người bầy hàng trong Hội-chợ là : . . . . 1755 »

Năm 1924 được những . . . . 1839 người

Nghĩa là kém năm trước mất 84 người, mà cái cớ kém ấy chỉ tại các nhà bản-xứ và các nhà ngoại-quốc đến dự ít hơn, vì các nhà buôn hay các công ty Đại-Pháp năm 1924 có 52 nhà mà năm nay được tới 68.

Nay nếu ta phải tóm-tắt về cái kết-quả cuộc Hội-chợ vừa liều-kết đó thì ta cần phải nhớ một điều quan-trọng này là năm ngoái dù người ngoại quốc đến dự Hội-chợ không có hay có ít thật, so với năm 1924 được 62 người thì năm ngoái được có 5 người thôi, thế mà chỉ có 7 vị thuộc về khu A là không có người thuê thôi, như thế đủ rõ rằng các nhà Tây Nam dự Hội-chợ không sút kém vậy.

Còn như tính rõ xem cái số mua bán có tương đương với cái số người bầy hàng tại Hội-chợ thì khó lắm, vì rằng phải hỏi ngay những người ấy mới biết được cái số hàng bán được bao nhiêu. Tuy vậy mặc dầu, có một điều hiển nhiên là cái giá bạc cao có thiệt cho việc buôn bán lắm. Nhưng dù thế nào mặc lòng, cuộc Hội-chợ năm nay cũng đã minh chứng ra rằng Hội-chợ thật là một cái công cuộc công ích công lợi, mà những công lao đã phí về Hội-chợ không phải là vô ích vậy.

Cứ cái chương trình dự định về Hội-chợ thì dù chưa thực-hành được hết cả thực, nhưng Hội-đồng tổ-chức Hội-chợ thật đã có công gắng gỏi một cách rõ rệt lắm mà rồi ra còn gắng gỏi nữa để chỉnh đốn cho cuộc Hội-chợ là một công cuộc sinh ra rất hợp thời.

Song muốn được như thế tất phải nhờ ở sự góp sức của hết thảy mọi người, bởi vậy chúng tôi cần phải tỏ ở đây rằng Hội-đồng Hội-chợ có lời cám ơn các quan Thủ-hiến các xứ, các Hội-đồng thành phố Hanoi và Hải-phòng, các Hội-đồng Thương-mại Bắc-kỳ đã giúp cho hội vừa về đường tinh-thần, vừa về đường tài-chính được nhiều lắm.

Xem cái kết quả của Hội-chợ như thế thì thật cũng bõ với sự tốn kém từ ngày sáng lập ra Hội-chợ đến giờ và cũng phu công các viên-chức giữ cái trách-nhiệm về sự tổ chức Hội-chợ từ bấy đến nay, để mở mang đường kinh-tế cho xứ Đông-Pháp.

HỘI-ĐỒNG HỘI-CHỢ.

IMPRIMERIE
D'EXTRÊME-ORIENT
HANOI

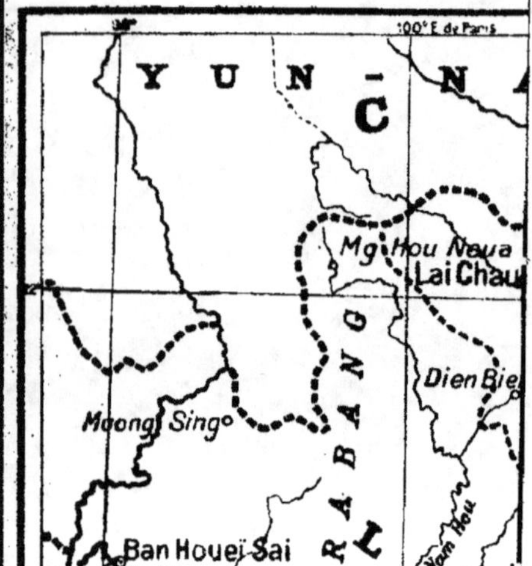

100° E de Paris
C
Lai Chau
Moong Sing
Ban Houeï Sai

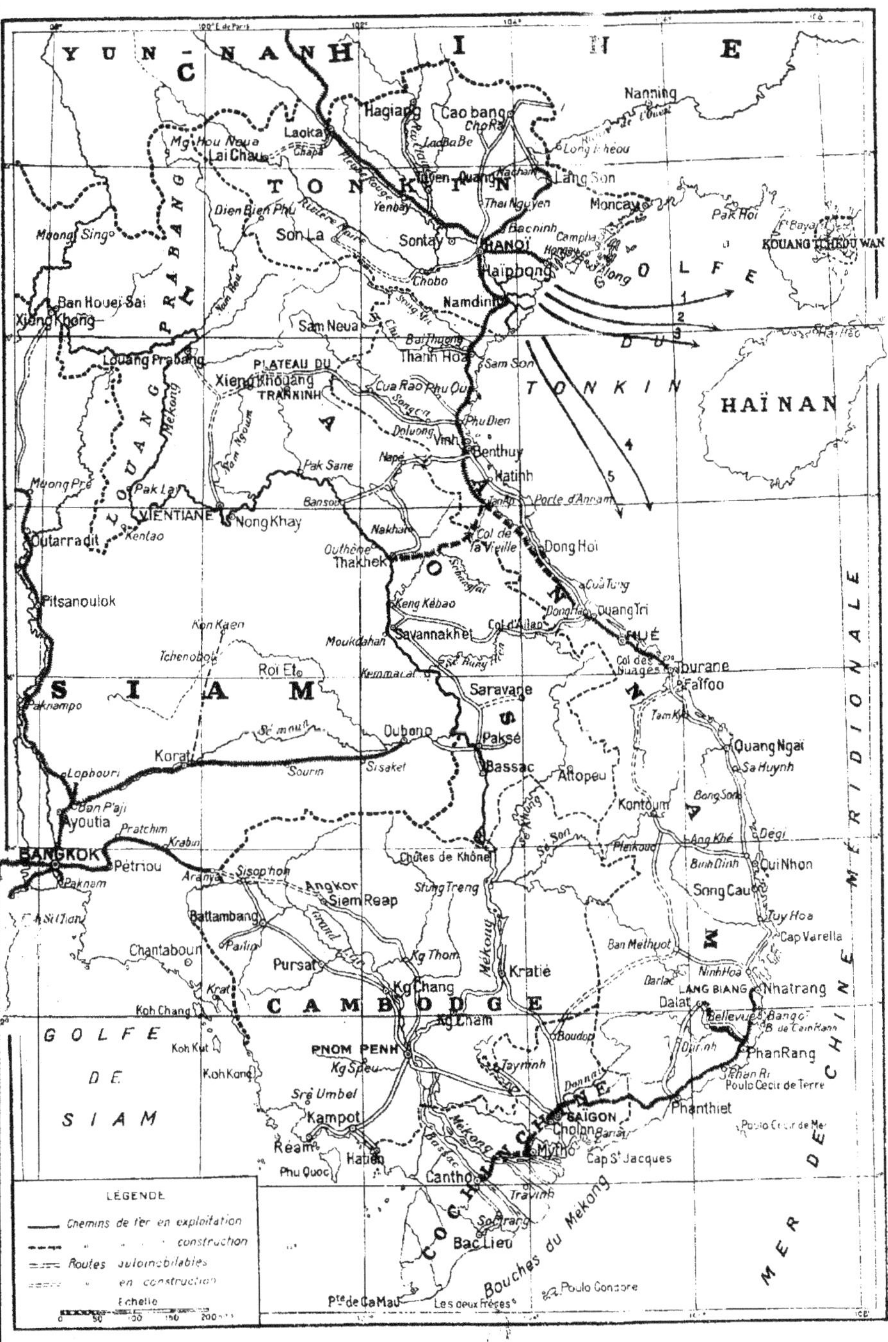

1) Haiphong-Hongkong, 1 départ tous les 7 jours.

2) Haiphong-Hongkong par Packhoi, Hoi-Hao, Quang-Tchéou-Wan, 1 départ tous les 14 jours.

3) Haiphong-Canton par Hoi-Hao, Quang-Tchéou-Wan, Hongkong (13 voyages par an, facultatifs.)

4) Haiphong-Marseille par Saigon, Singapour, Colombo, Djibouti, 2 départs par mois (Messageries Maritimes et Chargeurs Réunis),

5) Haiphong-Saigon par Tourane, Quinhon, Bangboi avec correspondance avec courrier du Japon à destination de Marseille (Singapour, Colombo, Djibouti, Port-Saïd), 1 départ de Haiphong tous les 14 jours.

Imprimerie d'Extrême-
HANOI -

www.ingramcontent.com/pod-product-compliance
Lightning Source LLC
LaVergne TN
LVHW012000160826
845678LV00002B/645

* 9 7 8 2 3 2 9 6 7 1 1 2 3 *